AF494590

ÉTUDE

SUR LA

STATISTIQUE AGRICOLE DU PORTUGAL

SOCIÉTÉ CENTRALE D'AGRICULTURE DE FRANCE.

ÉTUDE

SUR LA

STATISTIQUE AGRICOLE

DU PORTUGAL

D'APRÈS LES

PUBLICATIONS DU GOUVERNEMENT PORTUGAIS

PAR

Henri SAGNIER

Secrétaire de la rédaction du *Journal de l'Agriculture*

MÉMOIRE AYANT REÇU UNE MÉDAILLE D'ARGENT DE LA SOCIÉTÉ CENTRALE D'AGRICULTURE DE FRANCE,
DANS LA SÉANCE SOLENNELLE DU 13 DÉCEMBRE 1874.

PARIS

IMPRIMERIE ET LIBRAIRIE D'AGRICULTURE ET D'HORTICULTURE

DE Mme Ve BOUCHARD-HUZARD,

RUE DE L'ÉPERON, 5.

1875

RAPPORT

FAIT, AU NOM DE LA SECTION D'ÉCONOMIE, DE STATISTIQUE ET DE LÉGISLATION AGRICOLES,

PAR M. DROUYN DE LHUYS,

SUR UN MÉMOIRE INTITULÉ

ÉTUDE SUR LA STATISTIQUE AGRICOLE DU PORTUGAL

PAR M. HENRI SAGNIER.

Messieurs,

M. Henri Sagnier, secrétaire de la rédaction du *Journal de l'Agriculture*, a présenté à la Société un travail manuscrit intitulé *Étude sur la statistique agricole du Portugal, d'après les documents publiés par le gouvernement portugais.*

L'auteur s'est proposé de résumer les publications officielles du département de l'agriculture au ministère des travaux publics de Lisbonne, en ce qui concerne l'industrie et le commerce, et particulièrement le recensement général du bétail qui a été prescrit en 1870. Il établit la comparaison des résultats constatés dans ce pays avec les tableaux publiés par notre administration des douanes et par la direction du commerce extérieur.

Le Portugal a été en France l'objet d'études intéressantes. Sans parler de la remarquable notice publiée en 1869 dans la *Revue des Deux-Mondes*, par M. Léonce de Lavergne, on peut citer l'ouvrage intitulé *le Portugal et ses colonies* (1860), par M. Charles Vogel, attaché à la direction du commerce extérieur ; et, en remontant plus haut encore, les deux volumes qu'a fait paraître en 1822 M. Adrien Balbi, sous ce titre : *Essai statistique sur le royaume de Portugal et d'Algarve, comparé aux autres Etats de l'Europe*. M. Sagnier a profité des travaux de ses devanciers, et puisé de précieux renseignements aux nouvelles sources officielles ; il a pu ainsi compléter et préciser certains points restés jusqu'à présent indécis.

Le Portugal ne peut être jugé sainement qu'à l'aide de son histoire. C'était, il y a peu de temps encore, une nation d'aventureux navigateurs, paraissant dédaigner la culture d'un sol fertile pour se livrer avec passion à l'imprévu des lointains voyages et du commerce le plus hardi. Aujourd'hui, il a perdu les mines d'or et de diamants de ses colonies ; bien que son domaine colonial égale encore treize fois l'étendue de la mère-patrie, il n'a plus sa puissance d'autrefois ; son commerce, enfin, a passé dans des mains plus fortes et plus tenaces. Il faut donc que ce peuple se rattache à la terre, et qu'il se fasse agricole, à peine d'une déchéance définitive. Cette nécessité est comprise par les meilleurs esprits, qui cherchent à diriger vers l'agriculture l'activité de leurs compatriotes. Le Portugal traverse, en ce moment, une période critique, qui sera décisive pour ses destinées. Aussi ne faut-il pas s'étonner de l'intérêt qu'inspire sa situation économique, dont les chiffres présentés par M. Sagnier donneront une idée plus juste que des appréciations individuelles toujours plus ou moins hasardées.

Voici quelques-uns de ces chiffres, puisés dans les tableaux reproduits par M. Sagnier :

Étendue du Portugal, non compris les îles adjacentes, 8,962,000 hectares.

Population pour cette superficie, 3,827,392 habitants, ou 44 par kilomètre carré. En France, on en compte actuellement 69.

Les produits du pays sont classés officiellement en onze catégories; M. Sagnier conserve cette division, à laquelle il ajoute judicieusement deux autres chapitres : l'un consacré aux bois, l'autre aux soieries. De là, l'ordre de son travail.

Nous y remarquons :

Chapitre Ier. Que la production en céréales est inférieure à la consommation, qui est évaluée à 7,654,770 quintaux métriques. La production du Froment, par hectare cultivé, atteint en moyenne 8 hectolitres seulement, et ne dépasse pas au maximum 14 hectolitres. On voit que l'agriculture a encore beaucoup de progrès à faire en Portugal. Le Maïs donne des rendements moins désavantageux, aussi représente-t-il à lui seul plus de moitié du rendement total en céréales.

Chapitre II. La production des légumes secs n'est qu'imparfaitement représentée par les chiffres officiels. On évalue la consommation annuelle par tête à 40 kilog. de Pommes de terre, 12 kilog. de légumes secs et 3^k^.280 grammes de Riz.

Chapitre III. Produits horticoles. A défaut de données certaines sur ce sujet, on est réduit à de pures conjectures. On peut remarquer seulement la part du Haricot vert dans l'alimentation générale.

Chapitre IV. Fruits verts et secs. Les fruits frais sont à très-bas prix dans les campagnes. Les fruits secs, Amandes, Figues et Noix donnent lieu à une exportation considérable. Les Châtaignes sont l'une des bases de la consommation du pays.

Les chapitres V, Poissons et coquillages; VI, OEufs et laitages; VII, Sucreries et conserves; VIII, Substances oléagineuses, sont d'une importance secondaire.

Le chapitre IX, Boissons fermentées et spiritueux, a pour objet principal la production et la consommation du vin.

La consommation intérieure paraît être de 2,679,174 hectolitres, et la production totale de 3,483,356 hectolitres, le tout, y compris les vinaigres et les alcools.

Les denrées coloniales, comprises sous le chapitre X, entrent pour peu de chose dans l'alimentation du Portugal.

Ainsi la moyenne de l'importation du sucre, pendant les années de 1866 à 1870, est évaluée à 15,368,680 kilog. Si l'on déduit de ce chiffre le total de l'exportation, qui s'élève à 17,457 kilog., on trouve que la consommation intérieure est de 15,351,223 kilog. La consommation moyenne annuelle, par tête, est de 4 kilogrammes pour tout le royaume.

Le chapitre XI, qui traite du bétail, est le plus important et le plus étendu. Le Portugal ne paraît pas inférieur, sous ce rapport, à la moyenne des autres États de l'Europe. En 1870, il a exporté pour l'Angleterre plus de 25,000 têtes de bétail, valant près de 10 millions de francs. Quant aux évaluations officielles, M. Sagnier en fait la critique; il serait trop long de les reproduire ici.

Chaque Portugais ne consommerait que 17^{k}.60 de viande par an, d'après les statistiques. Ce qui permet de juger du peu d'importance de la viande dans la consommation du pays.

Les deux derniers chapitres contiennent des données intéressantes sur l'exploitation des bois et sur la sériculture.

Ce qui ressort de cette étude, c'est l'augmentation de la production vinicole et du bétail dans cette contrée, ainsi que le développement de ses exportations en vins et en viande sur pied. L'industrie du pays est peu active, et, comme nous le disions en commençant, c'est surtout vers l'agriculture que ses efforts doivent se diriger. Il faut savoir gré à l'auteur de n'avoir point reproduit, en les acceptant aveuglément, les données que lui fournissaient les publications ministérielles, mais de les avoir, au contraire, discutées avec soin, complétées et rectifiées au moyen des chiffres de l'octroi des villes, des informations puisées aux meilleures sources et des enseignements de la science économique.

Pour reconnaître le mérite du travail de M. Sagnier, la Section d'économie, de statistique et de législation agricoles propose de lui décerner une médaille d'argent et de décider qne ce travail sera inséré, au moins par extrait, dans les *Mémoires* de la Société.

Ces propositions ont été adoptées à l'unanimité.

ÉTUDE

SUR LA

STATISTIQUE AGRICOLE DU PORTUGAL

D'APRÈS LES PUBLICATIONS DU GOUVERNEMENT PORTUGAIS.

Situé au sud-est de l'Europe et séparé de l'ancien continent par l'Espagne, le Portugal est généralement peu apprécié en France. Son agriculture, surtout, a été pendant longtemps lettre morte pour nous, et, malgré une importante notice publiée en 1869, par M. Léonce de Lavergne, elle nous est encore peu connue. Cette ignorance était justifiée jusqu'ici par l'absence de documents authentiques, qui permissent aux agronomes étrangers, et même aux agriculteurs de ce pays, de se rendre compte des forces productives de la nation. En 1870, le gouvernement portugais résolut de combler cette lacune, et il établit au ministère des travaux publics une direction générale de l'industrie et du commerce, à laquelle il donna, en particulier, la mission d'établir une statistique agricole du Portugal. Un des agronomes les plus distingués du pays, M. R. de Moraès Soarès, bien connu par ses travaux antérieurs, fut mis à la tête de ce service.

Les premiers résultats des travaux dirigés par M. de Moraès Soarès ont été publiés en 1873. Ils forment plusieurs volumes importants sortis des presses de l'imprimerie nationale de Lisbonne, une des plus remarquables imprimeries de l'Europe. Les deux principaux volumes ont pour titre : le premier, *Relatorio de direcçao geral do commercio e industria acerca dos serviços dependentes da repartiçao de agricultura, desde a sua fundaçâo atè* 1870 (Rapport de la direction générale du commerce et de l'industrie, relativement aux services dépendant du département de l'agriculture depuis sa fondation en 1870); le second, *Recenseamento geral dos gados no centinente do reino de Portugal em* 1870 (Recensement général du bétail du continent du royaume de Portugal en 1870). Ce dernier volume est accompagné d'un atlas fort remarquable, indiquant la répartition des espèces d'animaux domestiques dans les divers districts u royaume.

C'est l'étude de ces documents qui fait l'objet de ce travail. On a rapproché des résultats de la statistique officielle tous les renseignements méritant quelque confiance, qui ont pu être réunis d'autre part. Nous devons, en particulier, des remercîments à M. Paulo de Moraès, qui nous a transmis plusieurs Notices fort précises, notamment sur la constitution de la propriété et la répartition des cultures.

Le Portugal, dit M. L. de Lavergne, dans le travail que nous venons de mentionner, a été très-bien et très-mal traité par la nature. « On y trouve des plaines et des vallées d'une admirable fertilité, et les parties cultivées ont l'aspect d'un véritable jardin; mais un tiers environ du territoire se compose de montagnes escarpées, et sur d'autres points s'étendent des plateaux arides que la culture n'a point encore abordés. On jouit, sur les côtes, du climat le plus heureux. Le voisinage de l'Océan rend les hivers extrêmement doux et tempère l'ardeur des étés; mais, dans les parties les plus favorisées, des marais répandent autour d'eux l'insalubrité. Les vents d'ouest y déposent des pluies abondantes, et le sol est arrosé par de nombreuses rivières; mais ces cours d'eau ont des lits encombrés par les sables qui mettent obstacle à la navigation et à l'irrigation. Cette terre présente tous les contrastes, depuis les cimes neigeuses de la Sierra d'Estrella jusqu'aux rivages méridionaux qui semblent détachés de la côte d'Afrique. »

Les variations de climat sont brusques et très-grandes, parfois à des distances très-rapprochées. Les formations géologiques s'interrompent et se substituent les unes aux autres sur des espaces très-restreints; la température moyenne varie sensiblement d'un point à un autre, dans un même canton, suivant l'altitude et l'exposition ; des vallées très-fertiles confinent à des coteaux extrêmement pauvres. Ces variations produisent une très-grande diversité dans les productions du sol. La Canne à sucre prospère dans l'Algarve ; la Vigne, l'Olivier, l'Oranger végètent parfaitement dans toutes les parties du royaume, et dans la Sierra da Estrella on trouve des neiges et des glaces permanentes. La grande irrégularité des saisons vient encore augmenter la diversité des produits ; dans certaines années, les saisons paraissent interverties. Les hivers tempérés ne sont pas rares, non plus que les printemps rigoureux.

Les procédés de culture varient également dans les proportions les plus grandes. Dans les districts les plus rapprochés les uns des autres, la routine séculaire la plus aveugle règne à côté des derniers perfectionnements de l'agriculture moderne. On peut dire que les différences constatées dans les diverses parties de l'agriculture portugaise résultent autant des conditions naturelles que des pratiques agricoles.

PREMIÈRE PARTIE.

ÉCONOMIE RURALE.

Dans cette première partie, nous étudierons successivement la division agricole du territoire, la population, la constitution de la propriété et les systèmes d'exploitation adoptés dans les diverses régions.

I. — Division du sol.

La superficie du Portugal, sans compter les îles voisines dont les principales sont les îles Açores et Madère, est de 8,962,531 hectares. Il n'y a pas longtemps que les opérations géodésiques ont permis d'établir ce chiffre. Adrien Balbi estimait, il y a cinquante ans, l'étendue du Portugal à 8,199,000 hectares. Cette superficie se décomposait, d'après ses calculs, de la manière suivante :

Terres labourables	1,750,000	hectares.
Prés et pâturages	90,000	—
Vignes	95,000	—
Forêts	500,000	—
Sol non agricole, y compris environ 1,500,000 hectares de dunes	5,764,000	—
Total	8,199,000	hectares.

L'un des écrivains dont le Portugal est fier, M. Rebello da Silva, connu par plusieurs travaux historiques importants, auteur d'une *Économie rurale du Portugal* publiée en 1868, divise de son côté, comme il suit, la surface agricole de ce pays :

	Hectares.	Proportion pour 100.
Terres arables.	1,393,000	15.67
Jardins, Vergers, Oliviers et cultures arbustives.	78,900	0.88
Prairies.	200,000	2.24
Vignes.	189,500	2.12
Bois et forêts.	100,000	1.34
Total	1,961,400	

On compterait, en outre, **754.000** hectares en herbages et pâtis, **1,000,000** hectares en landes et buissons, et, pour le sol tout à fait improductif, **5,238,600** hectares, comprenant **1,000,000** hectares de dunes, terrains d'alluvion, etc. Il résulte de ces calculs que le Portugal renfermerait, en nombre rond, **2,500,000** hectares de sol productif, soit un peu plus de **30** pour **100** de la superficie totale.

Si nous admettons la vérité approximative de ces chiffres, on peut en tirer cette conclusion que les Vignes et les prairies ont doublé d'étendue depuis cinquante ans, tandis que les quatre cinquièmes des forêts ont disparu. Quant à la comparaison des terres arables aux deux époques, les chiffres de Balbi sont trop vagues pour permettre d'asseoir un jugement sur l'augmentation que le total a dû subir.

Les évaluations de M. Rebello da Silva diffèrent sensiblement des résultats obtenus par les derniers travaux entrepris sur le sujet qui nous occupe. On admet aujourd'hui comme il suit la répartition du sol dans le Portugal :

	Hectares.	Proportion pour 100.
Surface utilisée.........	4,750,000	53.00
— non utilisée.....	3,962,000	44.21
— improductive....	250,000	2.79
Surface totale............	8,962,000	100.00

L'examen des bases de ces calculs permet de reconnaître le degré de confiance que les résultats doivent inspirer.

La surface improductive (**250,000** hectares) comprend : les montagnes stériles et les rochers, les sables des plages maritimes, les espaces occupés par les eaux, les routes, les constructions et les villes. Cette superficie a été calculée sur des données assez exactes, fournies par les études de M. Perry, ingénieur distingué, membre de la Commission géodésique du royaume.

La surface non utilisée (3,962,000 hectares) comprend : les terres actuellement improductives par défaut de culture, telles que celles occupées par les marécages et les étangs, les marais salants, les rivières et leurs bords stérilisés par l'irrégularité du régime des eaux, les régions de la côte envahies par les sables mouvants, les landes, les sables et les bruyères. Elle a été calculée en prenant la différence entre la surface totale et la somme des surfaces improductive et utilisée.

Les terres productives (4,750,000 hectares) comprennent : les cultures de céréales et fourragères, les cultures arbustives, les forêts, les jachères cultivées ou non cultivées, les pâturages naturels. Elles se subdivisent dans les proportions suivantes :

	Hectares.	Proportion, pour 100, de la surface totale.
Céréales et plantes fourragères..	1,320,000	14.73
Cultures arbustives.............	1,028,000	11.47
Forêts.........................	750,000	8.37
Jachères.......................	900,000	10.04
Pâturages naturels..............	752,000	8,39
Total..........	4,750,000	53.00

Nous allons examiner successivement chacun de ces groupes.

1° *Céréales et plantes fourragères.* — Les diverses cultures comprises dans cette catégorie se répartissent ainsi :

Céréales..................................	993,013	hectares.
Cultures maraîchères et horticoles........	135,987	—
Pommes de terre, racines, cultures industrielles..................................	91,000	—
Prairies permanentes et temporaires......	100,000	—
Total.........................	1,320,000	hectares.

Le Riz est compté parmi les céréales. Les cultures maraîchères comprennent des cultures très-importantes au Portugal ; parmi celles-ci, il faut citer les Cucurbitacées (Melon, Melon d'eau, Concombre, Citrouille) et les Tomates qui, outre une grande consommation intérieure, fournissent la pulpe qu'on exporte après une préparation préalable, comme on le verra plus loin. — Les cultures industrielles comprennent, en dehors du Lin, les Ails et les Oignons, dont l'exportation est très-considérable.

2° *Cultures arbustives.* — Ce groupe comprend les divisions suivantes :

Vignes	220,000 hectares.
Oliviers	190,000 —
Vergers	138,000 —
Châtaigniers	20,000 —
Caroubiers, Figuiers, Amandiers, Mûriers	60,000 —
Bois de Chênes	400,000 —
Total	1,028,000 hectares.

Quelques-unes des Vignes ne produisent pas encore de vin, parce que leur plantation ne remonte qu'aux trois dernières années. Il en est de même pour certaines oliveraies qui prennent de l'extension. — Les vergers comprennent les plantations d'arbres d'épines, à noyau et à pepins. — La culture des Châtaigniers est réduite actuellement dans des proportions notables, par suite de la maladie qui attaque cette belle espèce. — Les bois de Chênes ou *montados* sont formés par des Quercinées de différentes espèces, où dominent le Chêne-yeuse (*Quercus ilex*) et le Chêne-liége (*Quercus suber*) ; la production annuelle du liége varie de **800** à **1,000** contos de reis (4,444,000 à 5,555,000 francs). Les glands produits par ces Chênes servent, sur une grande échelle, à l'engraissement des porcs. Autrefois les *montados* recevaient les mêmes travaux de culture que les forêts ; aujourd'hui quelques propriétaires leur donnent plus de soins qu'aux Oliviers.

3° *Forêts.* — Sur les 750,000 hectares de forêts, on en

compte 400,000 couverts par les bois de Pins et 350,000 plantés en Chênes, en Châtaigniers et en autres essences. — Les bois de Pins sont composés de deux espèces : le Pin maritime et le Pin cultivé ; la première espèce domine. — Les Chênes et les Châtaigniers sauvages forment les seuls bois de taille que compte le Portugal.

4° *Jachères.* — Les deux tiers des jachères (600,000 hectares) restent sans culture ; le dernier tiers est cultivé. C'est surtout dans les districts du sud, Beja, Evora, Portalegre et Castello-Branco que l'on rencontre les jachères sans culture. Les propriétaires labourent, chaque année, une partie de leurs jachères pour y semer des céréales ou pour créer des herbages. La rotation des jachères est 5 à 10 ans et même quelquefois un plus grand nombre d'années. La jachère sans culture est presque exclusive aux districts du sud ; elle se rencontre aussi dans les autres parties du royaume, mais là on emploie surtout l'écobuage pour préparer le sol à la culture des céréales.

5° *Pâturages naturels.* — Cette catégorie comprend les terrains incultes où croissent spontanément les plantes fourragères qu'on ne peut faucher à raison de la faiblesse de leur développement, mais qui servent de pâtures au bétail. Les pâturages naturels se divisent en deux classes : les uns, en effet, appartiennent aux particuliers, tandis que les autres constituent le domaine collectif des agglomérations. Les terrains de cette nature appartenant aux municipalités sont désignés sous le nom de *bens proprios* (biens communs) ou *proprios municipaes* (biens municipaux).

Ainsi qu'on a pu le voir par les tableaux précédents, les discordances sont grandes entre les évaluations prises à diverses sources. Ces discordances ont lieu d'étonner. Mais il faut remarquer que, dans le Portugal, les difficultés, déjà grandes partout ailleurs pour établir une bonne statistique, se compliquent de circonstances particulières qui paralysent les efforts les plus intelligents et les plus persévérants.

La principale de ces difficultés, en ce qui concerne la répartition des cultures, vient de ce que, dans ce pays, les terrains les plus productifs sont occupés par des cultures simultanées ou successives dans la même année, de céréales ou de légumes, des pâturages temporaires, des cultures arbustives, etc. Il n'est pas rare de rencontrer un champ qui donne à la fois, dans une année, du Maïs, du Seigle, des légumes, du foin et du vin.

Autour du champ, et quelquefois au milieu, des arbres plantés en lignes servent de support aux Vignes grimpantes qui produisent le vin appelé vin vert. La terre est labourée au printemps et on y sème du Maïs et des légumes ; on y mêle même des Choux, des Navets ou des Citrouilles qui poussent entre les lignes du Maïs. Après cette récolte on sème une plante fourragère, le plus souvent l'Ivraie d'Italie (*Lolium italicum*). Plus tard, après la récolte des fruits, on convertit le champ en pré irrigable. Les eaux, qui servent pendant l'été à l'arrosage du Maïs, sont utilisées pendant l'hiver pour fumer les prairies. A cet effet, on dérive les eaux des rivières et on cherche à capter les eaux souterraines à l'aide de puits jaillissants. — Dans le même champ on sépare une partie du terrain moins humide pour y semer du Seigle ou du Blé ou y planter des Pommes de terre.

Ce simple aperçu suffit pour faire voir combien il est difficile et même à peu près impossible de déterminer d'une manière positive l'espace occupé par chaque culture. Or, ce système cultural est très-répandu dans les anciennes provinces de Tras-os-Montes et de Beïra, et il occupe la presque totalité du Minho, qui est la partie la plus riche et la plus populeuse du Portugal.

Dans les autres provinces, les cultures intercalaires d'arbres et d'arbrisseaux sont fort répandues, et là aussi elles se compliquent de cultures annuelles et sarclées. Sur un même champ on rencontre la Vigne, l'Olivier, le Figuier mêlés ensemble et avec d'autres arbres fruitiers, et, entre les Oliviers, de même qu'entre les ceps de Vignes, on récolte des céréales, des légumes, etc. Il n'est donc pas étonnant que les études statistiques aient donné, suivant la manière dont on a envisagé les cultures intercalaires et la classification adoptée, des résultats si différents et, au premier abord, à peu près contradictoires.

II. — Régions agricoles.

Au point de vue administratif, le Portugal était autrefois divisé en six provinces, les îles adjacentes formant une septième. Ces provinces étaient : les provinces de Minho, Tras-os-Montes et Beïra au nord, de l'Estramadure au centre, de l'Alem-Tejo et d'Algarve au midi. Aujourd'hui le pays est divisé en dix-sept districts analogues à nos départements.

M. Rebello da Silva divise le Portugal, au point de vue agricole, en quatre régions inégales : le nord, le centre, le sud, les montagnes.

La région du Nord, comprenant 1,900,000 hectares, produit en plus grande abondance le Maïs. Celle du Centre (1,770,000 hectares) produit beaucoup de Blé et la plus grande partie du Riz que donne le Portugal. Celle du Sud, la plus étendue, et comptant 2,980,000 hectares, produit du Blé et des grains inférieurs; on y signale d'assez nombreuses forêts; enfin elle comprend la province de l'Algarve où croît le palmier. La quatrième région, celle des montagnes, d'une étendue de 2,311,000 hectares, est principalement couverte de pâtures et de forêts. La petite culture domine dans la région du Nord et dans la région montagneuse; la moyenne culture dans le Centre, et la grande propriété dans le Midi.

M. de Lavergne estime qu'il serait plus rationnel de n'admettre que trois régions d'une étendue moyenne de 3 millions d'hectares.

La première, d'après lui, serait la région maritime ou

occidentale, s'étendant le long de l'Océan et comprenant l'ancienne province de Minho, la moitié de la province de Beïra, et une grande partie de l'Estramadure.

La seconde, la région montagneuse ou orientale, comprendrait l'ancienne province de Tras-os-Montes et le reste de la Beïra et de l'Estramadure.

La troisième, la région du Sud, se composerait de l'Alem-Tejo et de la petite province de l'Algarve.

A ces trois régions répondent trois climats : sur le littoral, humide et chaud ; dans la montagne, variable et tempéré ; dans le Sud, extrêmement chaud et sec.

III. — Population.

La population du Portugal s'élève à 3,988,000 habitants ; le chiffre moyen est de 44 habitants par 100 hectares ; en France on en compte actuellement 69.

La répartition proportionnelle est la suivante pour les six provinces :

Minho.	128	habitants par 100 hectares.
Beïra.	61	—
Estramadure. . . .	44	—
Tras-os-Montes. .	40	—
Algarve.	33	—
Alem-Tejo.	14	—

La population est donc très-inégalement répartie dans les diverses provinces ; mais, si l'on comparait les districts, la disproportion serait encore plus considérable. Tandis que dans le Minho, la province la plus riche et la mieux cultivée, il y a des districts où l'on compte, comme dans celui de Porto, 164 habitants par 100 hectares, dans le Midi et notamment dans la province de l'Alem-Tejo on compte à peine 15 habitants pour la même superficie.

Le nord du Portugal rappelle la densité de la population

des Flandres, tandis que le midi se trouve dans les mêmes conditions que les parties de l'Europe les plus désertes.

La population rurale représente 73 pour 100 de la population totale.

Quant à l'accroissement de la population, il se fait à peu près dans les mêmes conditions qu'en France.

IV. — Constitution et division de la propriété.

La constitution de la propriété était encore, au commencement de ce siècle, très-compliquée dans tout le Portugal. La législation agraire, commencée par les Cortès en 1820, a été successivement organisée depuis 1834 jusqu'à la suppression complète des majorats, en 1863. Aujourd'hui, la plus grande partie du territoire du royaume est rentrée dans la loi commune et le sol est apte aux transactions de toute sorte. Il n'y aurait donc pas lieu d'entrer ici dans de plus longs développements, si nous n'avions à signaler un mode particulier de transmission, qui affecte la plus grande partie de la propriété rurale et auquel on attribue une grande influence sur les progrès de l'agriculture portugaise. C'est l'emphytéose, ou bail à perpétuité.

L'emphytéose, en portugais *fraso* ou *aforamento*, consiste dans la division complète et absolue de la propriété du sol entre le propriétaire qui ne garde que la nue propriété, et le colon qui possède la jouissance pleine du sol, moyennant une redevance annuelle établie d'un commun accord entre les deux contractants. L'emphytéose remonte en Portugal aux temps les plus reculés ; quelques historiens en attribuent l'établissement au xe siècle, époque antérieure à la fondation de la monarchie, qui date du xiie siècle.

Ce contrat, qui paraît si simple dans ses bases fondamentales, présente, dans l'application, une diversité de formes et une complication vraiment incroyables ; il forme une branche de la législation obscure, confuse et mal définie. La durée du contrat dans les baux emphytéotiques à vie, la transmission des droits, tant pour le propriétaire que pour le colon, à leurs successeurs, et, dans les baux emphytéotiques perpétuels, la nature et la valeur des redevances, varient pour ainsi dire à l'infini. Tout le monde reconnaît, au Portugal, les inconvénients de cet état de choses ; mais on n'a pas pu encore y apporter de remède. Tout ce qu'on a fait a été d'introduire, dans la législation, des règles rationnelles auxquelles on doit se conformer dans l'établissement des nouveaux baux.

Le droit de sous-emphytéose, c'est-à-dire de sous-louer les terres prises à bail emphytéotique, est encore venu augmenter la complication. Ce droit permettait à l'emphytéote de diviser les terres qu'il tenait à bail et de faire de nouveaux contrats ou baux perpétuels avec d'autres sous-locataires. Le Code civil, promulgué en 1867, a aboli la sous-emphytéose. Sans pouvoir nous prononcer sur les résultats de cette abolition, nous devons dire que beaucoup d'agronomes portugais y reconnaissent de graves inconvénients.

Quoi qu'il en soit, voici les principaux résultats attribués, en Portugal, au système des aforamentos :

1° L'emphytéose a été un obstacle à l'extrême division de la propriété, car la terre donnée à l'emphytéote est indivisible. La sous-emphytéose n'a pas d'autre résultat, à ce point de vue, que d'augmenter le nombre des exploitations.

2° L'emphytéose a facilité le défrichement, sur une grande échelle, des terres incultes ; elle a permis aux ouvriers agricoles et aux populations pauvres de devenir réellement propriétaires sans déboursés et de mettre toutes leurs épargnes dans le travail du sol.

3° Le système de l'emphytéose a particulièrement favorisé l'augmentation de la population. Dans l'ancienne province du Minho où ce régime domine presque exclusivement, on appréciait déjà le mouvement progressif de la population dès le XVe siècle, sous le règne de dom Manuel. Cette province compte, aujourd'hui, 128 habitants par 100 hectares, tandis que dans l'Alem-Tejo, où l'emphytéose est encore une exception, il n'y a que 14 habitants pour la même surface. On peut citer encore, comme exemple frappant, ce qui s'est passé dans le district de Riba-Tejo. De grandes étendues de terrain, engagées par des baux à perpétuité depuis cent ou deux cents ans, y restaient incultes à raison de la faiblesse des ressources des emphytéotes. Après l'abolition des dîmes en 1834, ceux-ci ont sous-loué ces terres en les grevant de charges plus nombreuses que celles qu'ils portaient eux-mêmes, et c'est de cette époque que datent, dans cette province, le défrichement de beaucoup de terres incultes et le développement de la population.

4° On considère le droit que possèdent les emphytéotes de léguer leur bail à volonté, comme une sorte de prime à l'esprit de famille, chacun des enfants s'efforçant, par leur bonne conduite, d'obtenir de leurs parents la succession de ce bail précieux.

Les charges qui pèsent sur la propriété au Portugal sont de trois sortes : 1° les impôts perçus par l'Etat ; 2° les impôts municipaux au profit des communes ; 3° les droits de paroisse destinés aux frais du culte et à l'entretien des desservants. Les impôts municipaux n'excèdent pas, en général, le dixième de la contribution foncière, mais les droits de paroisse sont très-fréquents et parfois assez élevés.

La division de la propriété est très-irrégulière dans les diverses provinces. On y rencontre la grande, la moyenne et la petite propriété ; on trouve les extrêmes les plus opposés dans la première et la dernière catégorie. Dans le nord du Portugal, il y a des milliers de propriétés se composant de 1 ou 2 ares ; dans les districts du centre, les propriétés d'un hectare environ sont les plus nombreuses. C'est dans l'Alem-Tejo et une partie de l'Estramadure qu'on rencontre surtout la grande propriété ; là, les *herdades* mesurent de 1,000 à 16,000 hectares, mais ces derniers sont rares. Ces domaines se composent, en général, de terres à peu près impossibles à cultiver, de plantations d'Olivier et de Chêne-liége. Mais il y en a beaucoup qui comportent de grandes surfaces de terres laissées incultes, mises en jachère sans culture pendant cinq à quinze ans et même parfois davantage. La moyenne propriété de 10 à 50 hectares est la plus rare.

Le tableau suivant résume le nombre des propriétaires et l'étendue moyenne des cultures dans les dix-sept districts :

	Nombre des propriétaires.	Etendue moyenne de chaque propriété.
Aveiro	43,786	7 hectares.
Braga	28,947	9 —
Bragance	29,612	20 —
Coimbre	50,936	7 —
Leiria	29,275	12 —
Lisbonne	15,098	49 —
Santarem	17,609	36 —
Porto	20,569	12 —
Guarda	28,020	20 —
Vizeu	42,398	11 —
Castello-Branco	16,157	42 —
Villa Real	39,138	11 —
Vianna	27,964	8 —
Beja	6,144	175 —
Evora	3,834	192 —
Portalegre	5,179	123 —
Faro	13,894	37 —

On compte donc, en tout, 419,000 propriétaires du sol. Mais le nombre des propriétés est beaucoup plus considérable ; il atteint, en effet, 5,033,000. Cette disproportion est une des conditions les plus défavorables pour l'agriculture portugaise. Beaucoup de propriétaires possèdent quelquefois vingt à quarante propriétés dispersées dans un rayon de quelques kilomètres et n'en retireraient pas 250 à 300 francs en les affermant. Le propriétaire de plusieurs lots cultive lui-même un de ces lots et donne les autres en fermage suivant la méthode indiquée plus loin.

En général, en Portugal comme partout ailleurs, la petite culture fait souvent des prodiges de production, non loin de milliers d'hectares laissés presque improductifs par la négligence des grands propriétaires. Dans les provinces du nord, où elle domine, elle a surtout appris à tirer un excellent parti des eaux de toute sorte dont elle peut disposer. L'eau employée en irrigations provient, soit des sources naturelles, soit des puits d'où on la tire au moyen de pompes, soit de mines ou canaux souterrains qu'on ouvre où l'on suppose trouver des filets d'eau, soit enfin des rivières et des ruisseaux : les cours d'eau, coupés par des écluses, servent pendant l'hiver pour l'arrosage des fourrages, et pendant l'été pour celui des plantes sarclées. Mais il y a encore beaucoup à faire pour l'extension des irrigations qui, sous les climats méridionaux, donnent partout d'excellents résultats.

Pour faire complétement saisir la diversité des cultures dans les différentes parties du Portugal, il faut enfin ajouter que, suivant les régions, l'on donne les soins les plus divers à une même culture. C'est ainsi que dans la région de Serpa et de Moura, province de l'Alem-Tejo, on prodigue à l'Olivier les soins qu'on donne ailleurs aux fleurs des jardins, tandis que, dans d'autres districts, cet arbre croît au milieu des broussailles, sans autre culture qu'une taille plus ou moins soignée.

V. — Systèmes d'exploitation.

Les deux principaux systèmes d'exploitation rurale, au Portugal, sont l'administration personnelle et l'affermage.

Généralement les petits propriétaires cultivent eux-mêmes leurs terres avec leur famille. Cette classe agricole est la plus nombreuse dans la majeure partie du pays; c'est elle qui fournit les ouvriers pour les grandes exploitations et pour beaucoup d'industries.

Les propriétaires aisés dirigent l'exploitation de leurs terres pour leur compte : ils possèdent, à cet effet, les bestiaux et le matériel agricole nécessaires. Quelques-uns se livrent à la production chevaline, et entretiennent le nombre de chevaux que comporte la production de leurs pâturages. Cette classe de propriétaires est la plus puissante du Portugal ; elle produit les denrées qui alimentent les principaux marchés et les ports d'exportation.

Dans la province du Minho, où la production a pris le plus grand développement, la propriété est généralement emphytéotique, ainsi qu'il a été dit plus haut ; mais l'emphytéote est rarement le colon. Celui-ci s'appelle *caseiro* ou métayer.

Les caseiros cultivent de petites métairies d'une contenance de 1, 2 ou 3 hectares au maximum ; ils résident dans des habitations que les emphytéotes font construire à cet effet sur la métairie ou à proximité. Les caseiros payent ordinairement en nature, et rarement en argent, le loyer des champs qu'ils cultivent. Les uns payent, pour ce loyer, des sommes déterminées ; d'autres donnent soit les deux tiers, soit la moitié, soit un tiers, quelquefois même un quart des produits, suivant la fertilité du sol. Le bétail et le matériel agricole appartiennent, dans la majeure partie des cas, aux colons. Le bétail se compose, en général, de deux bœufs, deux veaux et un ou deux porcs. Le matériel ne comporte guère qu'un araire en bois, une herse, une charrette et quelques outils indispensables tels que bêche, serpe, etc. Les terres sont, d'ailleurs, très-faciles à cultiver. Le caseiro et sa famille font tout le travail de leurs mains ; plusieurs familles s'entr'aident parfois au moment des travaux les plus pressés.

C'est du bétail que le caseiro tire les plus grands profits. A l'âge de 4 à 6 ans, les bœufs passent à l'engrais et sont vendus soit à la boucherie du pays, soit à des exportateurs pour l'Angleterre.

Voici le compte de culture d'un hectare ainsi cultivé et soumis au régime des cultures intercalaires :

		Fr.	Fr.
Produit brut........	Maïs, 40 hectolitres........	533.35	1,285.55
	Seigle, 6 hectolitres.......	100.00	
	Légumes secs, 3 hectol....	76.65	
	Paille de Maïs et de Seigle, herbe coupée et pâturée.	133.30	
	Légumes verts et autres prod.	88.90	
	Vin, 22 hectolitres.........	353.35	
Frais de production..	Valeur du terrain, intérêt à 6 pour 100...............	400.00	730.00
	Impôts de l'État, municipaux et paroissiens............	52.20	
	Frais de culture et de semence....................	277.80	
	Produit net............		555.55

En général, **30** pour **100** du produit net appartiennent au propriétaire et **70** pour **100** au colon. On voit que ce système donne un grand profit à la fois au propriétaire emphytéote et au colon; mais il demande l'emploi des eaux bien aménagées et, comme nous l'avons dit, en dehors du Minho, c'est tout à fait l'exception.

L'emploi des engrais du commerce est peu répandu au Portugal; le fumier de ferme est l'engrais presque exclusif dans la plupart des exploitations. Sur les côtes, on utilise les coquillages et même le poisson avarié pour amender les terres. Aux environs des villes, la culture profite, comme partout, des fumiers des écuries. Ailleurs, le cultivateur n'a à sa disposition que le fumier produit par ses animaux.

DEUXIÈME PARTIE.

STATISTIQUE DES PRINCIPALES PRODUCTIONS.

Dans cette partie de notre travail, nous suivrons pas à pas les documents portugais dans la description des différents produits du pays. Ceux-ci y sont classés de la manière suivante : 1° les céréales ; 2° les légumes ; 3° les produits horticoles ; 4° les fruits ; 5° les poissons ; 6° les œufs et le laitage ; 7° les miels, pâtes, etc. ; 8° les substances oléagineuses ; 9° les vins et spiritueux ; 10° les denrées coloniales ; 11° le bétail. A ces produits qui forment la base de l'alimentation, et qui sont les seuls dont parlent les rapports officiels, nous avons ajouté les produits de la silviculture et de la sériculture qu'il serait injuste de laisser de côté.

Nous devons commencer par déclarer que les documents que nous avons eu à consulter ont été rédigés avec un grand amour de la vérité. Les évaluations sont parfois défectueuses ; des erreurs peuvent être relevées dans quelques appréciations. Mais la statistique portugaise est la première à reconnaître ces défauts, et à essayer de les corriger ; elle ne nous offre pas le spectacle de certains bureaux de statistique imprimant et publiant avec un imperturbable sang-froid les chiffres les plus évidemment faux, et allant, dans quelques pays, jusqu'à accuser de parti pris systématique les critiques adressées aux résultats de leurs calculs.

I. — Les céréales.

Les céréales cultivées en Portugal sont le Maïs, le Froment, le Seigle, l'Orge, l'Avoine et le Riz. La culture de cette dernière céréale va chaque année en décroissant, en raison des obstacles mis par l'administration à l'établissement de nouvelles rizières et de la sévérité avec laquelle elle fait exécuter les prescriptions relatives aux précautions à prendre pour sauvegarder la santé publique.

Les chiffres suivants représentent, d'après les documents officiels, la moyenne annuelle des récoltes de ces céréales depuis dix ans :

Maïs.	4,746,440 qx métr.
Froment.	2,067,610 —
Seigle.	1,580,580 —
Orge	353,540 —
Avoine.	93,320 —
Riz (desséché).	64,660 —
Total.	8,906,150 qx métr.

Le pays ne produit pas toutes les céréales nécessaires à sa consommation. La moyenne annuelle des importations des pays étrangers a été, de **1866** à **1870** :

Froment.	329,953 qx métr.
Farine de Froment.	32,095 —
Maïs.	23,663 —
Seigle.	22,215 —
Pain.	1,773 —
Total.	409,699 qx métr.

L'importation des îles des Açores et du Cap-Vert s'est élevée, en **1870**, à :

Maïs.	36,049 qx métr.
Froment.	20,591 —
Total.	56,640 qx métr.
Riz desséché.	61,004 —

Ces chiffres sont ceux de la statistique officielle; en les comparant aux chiffres de la consommation, on constate un certain déficit dans les évaluations. Mais, en tenant compte des erreurs qui se glissent toujours dans les travaux de ce genre, M. de Moraès Soarès établit le tableau suivant des quantités disponibles pour la consommation des trois céréales : Maïs, Froment et Seigle, qui forment la base de l'alimentation humaine :

Consommation du Portugal en Maïs, Froment et Seigle.

Production de ces trois céréales.	8,394.630	
A déduire pour les semences et la nourriture des animaux domestiques.	1,196,870	
Disponible pour la consommation.	7,197,760	7,197,760 qx mét.
Importations.	466,340	
Exportations à déduire..	9.330	
Disponible pour la consommation.	457,010	457,010
Total de la consommation.		7,654,770 qx mét.

Pour les semences et la nourriture du bétail, les déductions ont été faites dans les proportions suivantes :

	Semences.	Nourriture du bétail.
Maïs.	4 pour 100	10 pour 100
Froment..	13 —	»
Seigle.	15 —	5 —

Dans le total de la production, le Maïs entre dans la proportion de **56** et demi pour **100**; le Froment, dans la proportion de **24.6** pour **100**; le Seigle, dans la proportion de **18.8** pour **100**; savoir :

Maïs.	4,746,440	qx métr.
Froment.	2,067,610	—
Seigle..	1,580,580	—
Total. . . .	8,394,630	qx métr.

Quant à l'Orge, à l'Avoine et au Riz, la production est plus faible, et l'importation doit compenser en grande partie ce déficit.

Les estimations sur le produit des cultures de céréales en Portugal sont assez incomplètes. Nous allons résumer les renseignements que nous avons réunis à ce sujet.

L'auteur de la statistique que nous étudions, M. de Moraès Soarès, estimait, il y a dix ans, qu'un hectare emblavé en Froment donne régulièrement 14 hectolitres au plus ; ceux-ci, à raison de 22 fr. l'un, peuvent être vendus 308 fr., chiffre qui peut être considéré comme représentant le produit brut d'un hectare de Froment dans les meilleures conditions.

M. Rebello da Silva évaluait, en 1868, à 8 hectolitres par hectare le produit moyen du Froment pour tout le pays, à 6 hectolitres celui du Seigle, et à 18 hectolitres celui du Maïs. Cette dernière céréale est celle qui convient le mieux aux cultures du Portugal.

Quoi qu'il en soit, voici, d'après ce dernier auteur, les étendues consacrées à la culture des céréales en Portugal :

Blé.	250,500	hectares.
Maïs.	311,500	—
Seigle.	400,000	—
Orge.	70,000	—
Avoine.	12,000	—
Riz.	4,000	—
Total.	1,048,000	hectares.

On voit combien peu les Orges, les Avoines et le Riz sont cultivés, comparativement aux trois autres sortes de grains. On peut dire, d'une manière générale, que le Blé, le Maïs et le Seigle couvrent les trois quarts des terres arables en Portugal. Le Maïs est la céréale qui donne le produit brut le plus élevé ; les données précédentes montrent, en effet, que ce produit atteint presque 300 fr. par hectare, tandis que le produit brut moyen d'un hectare de Blé ne dépasserait pas 250 fr.

Si l'on basait les calculs de rendement et de surfaces cultivées sur les chiffres donnés au commencement de ce chapitre, on arriverait à des résultats se rapprochant beaucoup de ceux constatés par M. Rebello da Silva, mais, en général, un peu plus faibles.

Nous terminerons par les renseignements empruntés aux notes de M. Paulo de Moraès.

Le tableau suivant résume, d'après lui, la situation actuelle de la production des céréales :

	Superficie cultivée.		Production totale.		Rendement par hectare.	
Maïs..	446,000	hectares.	8,932,000	hectolitres	20	hectol.
Blé.	244,030	—	3,172,400	—	13	—
Seigle.. . . .	245,030	—	2,456,300	—	10	—
Orge.	37,900	—	492,800	—	13	—
Avoine. . . .	11,840	—	154,000	—	13	—
Riz.	7,000	—	210,000	—	30	—
Totaux. . .	991,800	hectares.	15,417,500	hectolitres.		

Voici maintenant un aperçu sur la culture et la production de chacune des céréales.

Maïs. — Ce grain est cultivé dans les terres humides aussi bien que dans les sols secs, et sa culture alterne avec celle des plantes fourragères. Dans quelques districts, certains champs occupés, chaque année, par la culture du Maïs, sont convertis en prairies temporaires pendant l'hiver. Cette pratique caractérise la culture fourragère du nord du Portugal, et spécialement celle des districts de Porto, de Braga et de Vianna ; c'est à cette ingénieuse pratique, qui consiste à produire dans la même année les céréales et les fourrages artificiels, qu'on attribue la richesse agricole exceptionnelle de l'ancienne province de Minho. Les eaux des rivières et des sources, appliquées pendant l'été, comme nous l'avons dit, à l'arrosage du Maïs, sont employées, pendant l'hiver, sur ces prés temporaires, qu'on laboure de nouveau au printemps pour l'ensemencement du Maïs et des légumineuses.

Dans les autres régions, on cultive le Maïs alternativement avec les céréales diverses et avec des plantes fourragères. Sa culture tend à se généraliser ; elle se répand dans l'Alem-Tejo, où elle était naguère encore complétement inconnue. On cultive 23 variétés des deux types, blanc et jaune.

On sème, en général, 40 litres de Maïs par hectare. La production moyenne est évaluée à 20 hectolitres de grain, et à 1,500 kilogr. de paille. Mais il y a de très-grandes irrégularités dans la production ; tandis que les terres arrosées produisent 40 à 50 hectolitres, certains sols secs ne donnent pas plus de 14 à 16. — Les Maïs portugais ont un poids considérable, qui varie de 71 à 82 kilogr. à l'hectolitre ; ils renferment une grande quantité de farine panifiable, la proportion de son excède rarement 10 pour 100 du poids du grain.

La production du Maïs, d'après ces données, est donc de 8,932,000 hectolitres, soit 58 pour 100 de la production totale des céréales au Portugal. Ce grain fournit la plus grande quantité du pain qui se consomme dans le pays ; on estime qu'il nourrit à peu près les deux tiers de la population. Le Maïs blanc est plus recherché et vaut de 5 à 6 pour 100 de plus que le jaune ; il passe pour faire un pain plus savoureux.

En dehors de la consommation humaine, le Maïs est employé à la nourriture des animaux domestiques ; on n'en exporte que dans les années d'abondance exceptionnelle. Quand le cours descend au-dessous de 8,000 reis (11 francs) par hectolitre, on l'emploie avec avantage à l'engraissement des porcs. Dans les districts du nord du Portugal, le Maïs entre, d'une manière régulière, dans l'alimentation des chevaux et des mulets.

Blé. — On cultive, en Portugal, 29 types de Blés, qui rentrent dans les deux grands groupes des Blés durs et des Blés tendres. Les méthodes et les soins de culture varient beaucoup, suivant les régions. En dehors des districts du Nord, où les Blés sont binés et sarclés, quelquefois même arrosés, on rencontre les assolements les plus variés pour cette céréale. Il y a des terres où, de temps immémorial, on a constamment cultivé le Blé, avec des jachères plus ou moins longues ; ailleurs, on demande au sol un certain nombre de récoltes de Blé, sans aucune fumure. Toutefois, une sorte d'assolement bisannuel, alternant la culture du Blé avec celle du Maïs, des Fèves et autres plantes sarclées, tend à se généraliser ; le plus grand avantage de ce système est le nettoyage de la terre par les soins de cultures que réclament les sarclées.

La production du Blé atteint près de 21 pour 100 de la récolte totale des céréales ; elle est, d'après le tableau précédent, de 3,172,400 hectolitres, année moyenne, pour des emblavures de 244,000 hectares. On emploie, en général, pour les semences, 175 litres par hectare. La production moyenne est de 13 hectolitres ; mais les extrêmes varient d'une manière extraordinaire. Dans les terres où la culture est soignée, dans les vallées des cours d'eau, dans les *barros* du district de Beja, on obtient fréquemment 30 à 40 hectolitres par hectare. Il en est de même dans certaines parties très-fertiles de l'Alem-Tejo, où la culture du Blé alterne avec la jachère annuelle. Mais l'absence d'engrais et la mauvaise culture font descendre le produit, dans une grande proportion de terres naturellement peu fertiles, à 8 et 10 hectolitres.

D'après des observations faites avec soin, le poids moyen des Blés portugais est de 78 kilog. 500 pour les Blés tendres, et de 82 kilog. 200 par hectolitre pour les Blés durs.

Seigle. — La production du Seigle entre pour 16 p. 100 environ dans la production totale des céréales au Portugal. Le rendement moyen n'est que de 10 hectolitres par hectare. Cette céréale occupe généralement les terres pauvres de tous les districts.

Le Seigle fournit, à peu près exclusivement, dans quelques provinces, le pain des classes pauvres et laborieuses ; ailleurs, il est mélangé à la farine du Blé et à celle du Maïs pour faire un pain très-savoureux et très-hygiénique. Il entre aussi, pour une certaine part, dans l'alimentation du bétail. Quant à la paille, elle n'est employée dans l'alimentation du bétail que lorsque les autres fourrages font défaut.

La récolte du Seigle est ordinairement inférieure aux besoins de la consommation. C'est par la frontière d'Espagne que se fait la plus grande partie de l'importation de ce grain, qui s'élève annuellement, en moyenne, à 30,000 hectolitres.

Orge et Avoine. — Ces deux céréales entrent pour une faible part dans la production des grains au Portugal. L'Orge représente 3 pour 100 et l'Avoine 1 pour 100 seulement de la production totale. Le rendement moyen est évalué à 13 hectolitres par hectare pour l'une et l'autre céréale, pour une semence de 200 litres pour l'Orge et de 250 litres pour l'Avoine.

Ces deux grains servent généralement à la nourriture du bétail. L'Orge n'entre dans la fabrication du pain que pendant les années de grande disette.

L'Orge et l'Avoine d'hiver sont souvent fauchées au printemps, pour servir de nourriture verte au bétail ; les terres laissées ainsi libres sont ensemencées immédiatement en Blés de printemps, en Maïs ou en récoltes sarclées.

Riz. — La culture du Riz occupe une surface de 7,000 hectares. La production moyenne est de 192,500 hectolitres, soit 1.25 pour 100 de la récolte totale des céréales. Les alternatives des rendements sont très-considérables. Les premières années d'une rizière donnent souvent des résultats fabuleux, de 200 pour 1 de semence. Au bout de trois ans, la production diminue, et après sept ou huit ans elle devient insignifiante, sauf dans les terres qui sont fertilisées de nouveau par les inondations.

Les rizières sont presque toutes établies en terrains marécageux. Cette culture, très-avantageuse au point de vue du produit en argent, est excessivement préjudiciable à la santé de ceux qui s'y livrent, et son influence malsaine s'étend à toutes les contrées environnantes. Aussi avons-nous vu plus haut que le gouvernement avait établi plusieurs règlements, non-seulement pour améliorer les procédés de culture des rizières, mais aussi en vue d'arriver à leur suppression. Mais les intérêts particuliers arrivent souvent, dans l'exécution de ces mesures, à tromper la vigilance administrative.

Le Riz portugais donne, en moyenne, 60 kilog. de Riz sec pour 100 kilog. de Riz brut. Mais la production du pays est notablement inférieure aux besoins de la consommation ; l'importation s'élève annuellement à 80,000 hectolitres.

On fait des essais nombreux sur les diverses variétés de Riz, entre autres sur deux espèces du Riz Caroline et une du Riz glutineux. On a aussi expérimenté la semence du Riz sec importé de Venise. Les résultats de ces études ne sont pas encore bien établis.

II. — Les légumes.

D'après les données officielles, la production moyenne des légumes secs et des Pommes de terre a été, pendant la période décennale de 1861 à 1870 :

Haricots.	184,329	qx métr.
Fèves.	37,924	—
Pois chiches. . . .	24,347	—
Gesses.	20,045	—
Lupin.	19,451	—
Pois.	5,737	—
Lentilles.	1,092	—
Pommes de terre.	1,222,920	—
Total.	1,515,845	qx métr.

Cette statistique est trop faible ; M. de Moraès Soarès le prouve pour la Pomme de terre par les raisonnements suivants.

La Pomme de terre constitue une des principales branches de la culture pour toutes les parties du territoire. Dans tous les districts et particulièrement dans ceux du nord du royaume, le précieux tubercule forme la base principale de la nourriture des populations rurales. Enfin, outre les besoins de l'alimentation humaine et ceux de l'alimentation des animaux domestiques, il faut compter les quantités nécessaires pour les semailles de chaque année et pour l'exportation.

Or, la seule ville de Lisbonne consomme annuellement 77,696,000 kilog. de Pommes de terre, soit 20 kilog. 300 par habitant. En supposant une consommation égale pour toutes les parties du royaume, la nourriture des habitants absorberait 776,960 quintaux, soit les deux tiers de la production. Mais il faut admettre que la consommation par habitant dans les autres villes et surtout dans les campagnes est bien supérieure à celle de Lisbonne, et l'estimer à 40 kilog. Il en résulterait que la nourriture des habitants exigerait, à elle seule, 1,529,957 quintaux métriques, ce qui est un chiffre déjà bien supérieur à la production constatée par les documents officiels.

Si l'on ajoute à ce chiffre 10 pour 100 pour valeur des semences; 20 pour 100, ce qui est peu, pour la nourriture du bétail; plus 30,000 quintaux qui représentent la moyenne des exportations annuelles, on arrive à un total de 2,018,945 quintaux métriques pour la récolte annuelle de Pommes de terre. — L'erreur de la statistique officielle serait donc de 800,000 quintaux métriques.

Un raisonnement analogue, établi d'après la consommation de la ville de Lisbonne, prouverait que, pour les légumes secs, et en admettant une consommation annuelle moyenne de 12 kilog. par habitant, la statistique officielle est en déficit de plus de la moitié du chiffre réel de la production, qui s'élèverait à 500,000 quintaux métriques.

Quant au Riz desséché, qui n'est pas porté dans le tableau précédent, la consommation annuelle s'élève à 125,665 quintaux métriques.

En résumé, la production annuelle du Portugal en Pommes de terre et en légumes secs doit être établie de la manière suivante :

Pommes de terre. . .	2,018,945 qx métr.
Légumes secs.	500,000 —
Total.	2,518,945 qx métr.

La consommation annuelle par habitant est évaluée à 40 kilog. pour les Pommes de terre, 12 kilog. pour les légumes secs, 3 kilog. 280 pour le Riz.

III. — Produits horticoles.

La statistique officielle de ces produits n'a pas été faite. Tout ce que l'on peut dire, c'est que les produits de l'horticulture et de la culture maraîchère se consomment en grandes quantités dans le Portugal.

Les principales plantes ainsi cultivées sont : les Haricots, les Fèves, les Choux et les Navets.

En réduisant toutes les espèces de la culture maraîchère à un type unique, savoir le Haricot vert, on estime que la consommation générale du pays peut être estimée par jour à 136 grammes de Haricot vert ou de ses équivalents par habitant, ce qui fait, en chiffres ronds, 50 kilogr. par an.

Suivant ce calcul, la consommation annuelle pour tout le Portugal serait de 1,913,700 quintaux métriques.

IV. — Fruits verts et secs.

1° *Fruits verts.* — Le Portugal produit une grande quantité de fruits verts de toutes sortes qui sont consommés à l'intérieur ou exportés vers les marchés étrangers.

On ne peut trouver encore aujourd'hui de renseignements qui permettent d'estimer approximativement la consommation intérieure que dans les tableaux statistiques de la municipalité de Lisbonne. Chaque habitant de cette ville consomme, annuellement, en fruits une valeur moyenne de 1,755 reis (soit 9 fr. 80). Si l'on prend le Raisin comme type équivalent de toutes les espèces de fruits verts, et si l'on suppose qu'un kilogramme de Raisin vaut 35 reis (0 fr. 19), chaque habitant de la capitale consomme annuellement 50 kilog. de Raisin.

Ce chiffre doit être augmenté, si l'on tient compte de la

consommation générale. En effet, la consommation de fruits verts à Lisbonne doit être moindre que partout ailleurs, à raison du bon marché excessif des fruits verts dans les campagnes. On peut donc évaluer à 75 kilog. de Raisin par tête d'habitant la consommation annuelle du pays en fruits verts.

2° *Fruits secs.* — Les espèces de fruits secs sont aussi variées que celles de fruits verts. La statistique est silencieuse sur leur production aussi bien que sur leur consommation. On sait, toutefois, que l'exportation annuelle des Amandes, des Figues et des Noix, s'élève au chiffre de 80,000 quintaux métriques d'une valeur totale de 400,000 mille reis (2,240,000 fr.).

La consommation annuelle de fruits secs, par chaque habitant de Lisbonne, peut être estimée à 248 reis (1 fr. 40), soit à peu près l'équivalent de 6 kilog. de Figues sèches.

S'il était permis de généraliser cette estimation pour tout le pays, la consommation totale de fruits secs en Portugal s'élèverait à 229,643 quintaux métriques, d'une valeur de 32,392,000 fr.

3° *Châtaignes vertes et sèches.* — La production moyenne de ces fruits s'élève à 19 ou 20 millions de kilogrammmes.

En admettant que le quart entre dans la nourriture des animaux domestiques, on peut estimer à 4 kilog. la consommation annuelle de chaque habitant.

En résumé, chaque Portugais consommerait annuellement :

Fruits frais	Raisins ou équivalents.	60 kilogrammes.
	Châtaignes vertes ou sèches. . .	4 —
Fruits secs (Figues ou équivalents).		6 —
	Total.	70 kilogrammes.

V. — Poissons et coquillages.

La côte portugaise a une longueur de 600 kilomètres

sur l'océan Atlantique. Le poisson, et surtout, à certaines époques, la sardine et le hareng, y abondent. Les pêcheries sont donc une des grandes sources de l'alimentation publique ; on exporte même de nombreuses quantités de poissons secs ou salés, et cette exportation va en augmentant, depuis dix ans, d'année en année.

D'un autre côté, on importe de grandes quantités de morue.

La consommation annuelle de chaque habitant peut être estimée de la manière suivante :

	Kilogr.
Poisson frais ou salé.	4.500
Poisson sec (principalement morue).	3.400
Total.	7.900

VI. — Œufs et laitage.

1° *Œufs.* — D'après les relevés de la municipalité de Lisbonne, la consommation annuelle de cette ville comporte 11,864,640 œufs, pesant en tout 735,607 kilog., et d'une valeur de 76,776 mille reis (446,745 fr.). Il en résulte que chaque habitant consomme 72 œufs, pesant 4 kilog. 490, et d'une valeur de 487 reis (2 fr. 73).

Quant à la consommation de tout le royaume, elle peut être estimée par les chiffres suivants :

Nombre d'œufs consommés.	277,294,550
Poids en kilogrammes.	17,184,990
Valeur en argent (1,864,514 mille reis). .	10,441,000 fr.

2° *Laitage.* — Sous cette dénomination, on comprend le lait, le fromage et le beurre. Cette partie de la statistique agricole comporte des difficultés sérieuses dans l'appréciation des quantités produites et soumises à la consommation.

Lait. — Cette substance alimentaire étant exempte de tous les impôts directs ou indirects en Portugal, il n'existe pas de registres officiels des quantités produites ou consommées. Le seul document d'où l'on puisse tirer quelques conjectures est le recensement officiel du bétail. — D'après ce recensement, le Portugal renferme :

3,937 vaches à lait, pouvant produire, pendant 180 jours, 900 litres de lait chacune.	3,543,300 litres.
1,506 vaches à lait et à beurre pouvant produire de la même manière.	1.355,400 —
106,900 vaches de travail ou de reproduction. On peut compter que la moitié, soit 50,000 têtes, produit, pendant 180 jours, 4 litres de lait par jour, soit annuellement.	36,000,000 —
27,921 vaches pour diverses fins. On peut compter que la moitié, soit 13,000, produit, pendant 180 jours, 4 litres de lait par tête.	9,360,000 —
Total, 68,443 têtes pouvant produire. . . .	50,258,700 litres.
De cette somme, il faut déduire une moyenne de 3 litres par tête et par jour, pour la nourriture des veaux, soit annuellement.	36,959,220 —
Différence disponible pour la consommation.	13,299,480 litres.

Outre les vaches, le recensement accuse l'existence de 85,773 chèvres à lait. On peut estimer que chacune produit environ, par an, 50 litres de lait disponibles pour la consommation.

La production totale du lait pour la consommation serait donc de :

Lait de chèvre.	4,288,650 litres.
Lait de vache.	13,299,480 —
Total.	17,588,130 litres.

En répartissant cette quantité sur tous les habitants du royaume, on trouve que chacun consomme annuellement 4 litres 59 cent. de lait de toutes sortes.

Cette moyenne est, à nos yeux, d'une faiblesse excessive; on doit, selon nous, en faire remonter la cause à la production trop restreinte attribuée par les documents statistiques, aux vaches laitières proprement dites, en même temps que la quantité de lait réservée pour les veaux est beaucoup trop élevée.

Fromages. — Le Portugal consomme, à la fois, des fromages de production nationale et des fromages importés.

Les statistiques de la municipalité de Lisbonne accusent, pour cette ville, une consommation annuelle de 49,436 kilog. de fromage national, soit par habitant 1 kilog. 16.

Quant à l'importation des fromages étrangers, elle a été, d'après les mêmes statistiques, de 1866 à 1870, de 223,247 kilog. par an. Mais de cette quantité il faut déduire 17,407 kilog. de fromages exportés.

En supposant que la consommation de Lisbonne représente la consommation générale du pays, on peut admettre, pour la moyenne de chaque habitant, les chiffres suivants :

	Kilog.
Fromage du pays.	1.860
— étranger.	1.530
Total.	3.390

Beurres. — La statistique officielle se reconnaît impuissante à constater les quantités de beurres produites dans le pays et à séparer la consommation du lait sous cette forme de celle en nature.

La moyenne des importations de beurres, pendant les cinq années, de 1866 à 1870, a été de 1,050,810 kilog., d'une valeur de 2,753,000 fr. — Si l'on déduit de ce chiffre 1,063 kilog. de beurres exportés, on trouve pour chaque habitant une consommation annuelle de 274 gr. de beurre étranger.

En résumé, la consommation moyenne du Portugal en lait et ses dérivés est estimée par an et pour chaque habitant :

	Kilog.
Lait.	4.590
Fromage.	3.390
Beurre étranger.	0.274
Total.	8.254

Les réflexions que nous avons faites relativement à la consommation du lait s'appliquent également aux beurres et aux fromages.

VII. — Sucreries. — Miel. — Pates. — Biscuits. — Conserves.

Il est difficile d'établir des chiffres certains des quantités consommées dans la première de ces catégories. Le sucre, les œufs, le lait, le beurre, dont la consommation est indiquée dans les autres chapitres, entrent en partie dans la fabrication des sucreries; il en est de même pour la farine que cette industrie emploie.

La production du miel est considérable; la statistique officielle calcule que la récolte annuelle s'élève à 600,000 kilog. Quoique ce chiffre paraisse inférieur à la réalité, on peut le considérer comme à peu près exact; la moitié, soit 300,000 kilog., est exportée, tandis que l'autre moitié sert à la consommation intérieure. Le miel entre, pour une grande proportion, dans la préparation des aliments et des boissons de la population rurale.

Les biscuits, pâtes et farines alimentaires sont consommés en grandes quantités. L'importation vient ici largement en aide à la production nationale. En 1870, on estimait à 765,243 kilog. les importations de biscuits, Orge perlée et pâtes alimentaires.

Quant aux conserves alimentaires, et principalement aux conserves d'Olives, elles sont consommées en grandes quantités : par les classes riches comme hors d'œuvre, et par les classes moins aisées, et principalement à la campagne, comme véritable plat dans les repas.

VIII. — Substances oléagineuses.

Sous cette rubrique, la statistique comprend seulement les Olives, dont la production, d'après les documents officiels, a été, en moyenne, pendant les années 1861 à 1870, de 18,560,315 kilog.

L'exportation annuelle moyenne, de 1866 à 1870, a été de 3,643,633 kilog.

Si l'on déduit ce chiffre de celui de la production, on trouve, pour la consommation moyenne annuelle du Portugal, 14,916,682 kilog.

Mais il faut faire observer que la statistique officielle accuse un chiffre inférieur à la réalité pour la production des Olives. En effet, la consommation moyenne de Lisbonne a été, pendant la période décennale de 1863 à 1872, de 6 kilog. 300 par tête d'habitant. En admettant que ce chiffre représente la consommation annuelle du pays tout entier, ce qui est loin d'être exagéré, la production devrait s'élever au total de 24,112,569 kilog. pour les seuls besoins de la consommation.

A cette production on doit ajouter les 3,643,633 kilog. accusés par l'exportation, de sorte que la production totale du Portugal en Olives doit être estimée à 27,756,202 kilog., soit un tiers de plus que le total accusé par la statistique.

En partant de cette hypothèse très-acceptable que la moitié de la production est destinée à différents usages industriels, et que la moitié seulement est absorbée par la consommation alimentaire, les documents que nous résumons estiment que le chiffre de la consommation par tête, pour tout le Portugal, peut être réduit à 3 kilog. 600.

IX. — Boissons fermentées et spiritueux.

Le vin est la principale et presque l'unique boisson fermentée fabriquée et consommée en Portugal. Quoique la consommation de la bière aille sans cesse en augmentant, elle est cependant encore assez peu considérable pour qu'on puisse négliger de la faire entrer dans le calcul général des subsistances de ce pays.

La production moyenne annuelle du vin, sur toute l'étendue du royaume, à l'exception des îles, a été, d'après les renseignements officiels, dans la période décennale de **1861** à **1870**, de **1,743,556** hectolitres. Néanmoins, cette estimation est assez défectueuse, comme on peut s'en convaincre par les considérations suivantes de M. R. de Moraès Soarès.

La statistique de l'octroi municipal de Lisbonne, dont l'exactitude ne peut pas être révoquée en doute, donne, comme moyenne de la consommation en vin, par habitant de cette ville, pendant les trois dernières années, le chiffre de **70** litres. On peut généraliser ce chiffre pour tout le pays, car on a de fortes raisons de croire que la consommation est plutôt plus considérable en dehors de Lisbonne que dans cette ville. En effet, la consommation régulière de vin en France est de **100** litres par tête d'habitant; or le Portugal est, sans aucun doute, après la France, le pays qui, eu égard à sa superficie et à sa population, produit la plus grande quantité de vin. Le rendement du *réal d'agua* (impôt sur les boissons), qui, dans certains districts, est perçu avec régularité, confirme ces supputations, d'autant plus que ces districts comprennent un grand nombre de vignobles, dont les propriétaires, pas plus que leurs domestiques, ne boivent que rarement du vin dans les cabarets, qui sont seuls sujets à l'impôt du *réal d'agua*.

On peut donc conclure qu'on n'est pas éloigné de la vérité en estimant à **70** litres par tête d'habitant la consommation annuelle en vin. Celle-ci doit être, pour tout le pays, de **2,679,174** hectolitres.

En comparant ce chiffre à celui de la statistique donné plus haut, on trouve que celle-ci accuse un déficit de **935,618** hectolitres.

La production vinicole, en dehors de la consommation du pays, fournit un large contingent à l'exportation. Celle-ci, d'après les relevés des octrois, s'est élevée, en moyenne, pendant la période de **1866** à **1870**, à **300,750** hectolitres de vin. Comme elle va sans cesse en augmentant, on peut en estimer la moyenne annuelle à 340,000 hectolitres pour les trois dernières années.

D'un autre côté, le vin destiné à l'exportation est toujours renforcé par une addition d'alcool, qui en élève le titre à 14 pour 100 d'alcool à 33 degrés de l'aréomètre de Cartier. Si des 340,000 hectolitres exportés, on retranche les 47,500 hectolitres d'alcool ainsi ajouté, l'exportation réelle du vin se trouve réduite à 291,400 hectolitres.

Si l'on tient compte, en outre, des quantités d'alcool importées de l'étranger, et qui se sont élevées, de 1866 à 1870, à 15,500 hectolitres par an, de la consommation intérieure en alcool, ainsi que de la consommation en vinaigre, on arrive à établir de la manière suivante les chiffres qui expriment la moyenne de la production du Portugal en vin :

Vin pour la consommation intérieure du pays, à raison de 70 litres par habitant.	2,679,174	hectolitres.
Vin pour l'exportation, après déduction de l'alcool ajouté.	292,400	—
Vin employé à la fabrication de l'alcool ajouté au vin destiné à l'exportation.	224,603	—
Vin pour la fabrication de l'alcool consommé sur les marchés intérieurs.	57,411	—
Vin pour la fabrication de l'alcool exporté. . .	2,806	—
Vin employé à la fabrication de l'alcool ajouté aux vins consommés à l'intérieur.	112,000	—
Vin converti en vinaigre.	114,962	—
Total.	3,483,356	hectolitres.

La consommation intérieure du pays peut être évaluée à 70 litres par habitant pour le vin, à 2 litres 60 pour le vinaigre, et à 30 centilitres pour l'alcool pur.

Culture de la Vigne et exportation des vins. — La situation du Portugal, son climat, la configuration du sol rendent ce pays extrêmement propre à la culture de la Vigne. Aussi, sur 2,500,000 hectares propres à la culture, on en compte près de 200,000 plantés en Vignes. Nous n'entrerons pas ici dans la description des cépages cultivés, cette description ayant été faite par le comte Odart, dans son *Ampélo-*

graphie universelle, sans que des changements sensibles aient été effectués depuis.

Les vins produits par les Vignes portugaises peuvent se classer en quatre catégories :

1° Les vins du Douro, les plus estimés et les plus connus à l'étranger, sous le nom de vins de Porto, du nom du port par lequel l'exportation se fait. Ils sont très-alcooliques, parfumés, s'améliorent avec l'âge et se conservent plus d'un siècle. On les additionne d'eau-de-vie après la première fermentation. La surface occupée par les Vignes du Douro est d'environ 30,000 hectares.

2° Les vins de Bairrada, préparés de la même manière que ceux du Douro, mais qui n'atteignent ni la même force ni la même durée.

3° Les vins de l'Estramadure, rouges et blancs, qui forment le fond de la consommation de Lisbonne. Parmi les vins blancs, quelques-uns, comme ceux de Bucellos, sont légers, bien faits, légèrement gazeux.

4° Les vins de Madère bien connus en France et estimés partout, et ceux des Açores.

La production des vins de Porto, pendant la période décennale de 1856 à 1865, a été la suivante :

	1re QUALITÉ.	2e QUALITÉ.	EAU-DE-VIE.
1856..........	514,126 hectol.	13,575 hectol.	7,522 hectol.
1857..........	429,181 —	5,909 —	4,947 —
1858..........	361,664 —	2,820 —	6,950 —
1859..........	338,740 —	2,035 —	3,007 —
1860..........	378,808 —	1,902 —	5,877 —
1861..........	295,536 —	1,597 —	3,654 —
1862..........	270,443 —	684 —	4,012 —
1863..........	337,646 —	» —	5,337 —
1864..........	388,014 —	» —	3,284 —
1865..........	535,475 —	774 —	9,385 —

Les renseignements nous manquent sur la production depuis 1865. Mais nous pouvons indiquer le total des exportations, de 1860 à 1871. Voici le tableau de ces exportations, année par année :

1860..........	148,843	hectolitres.
1861..........	143,756	—
1862..........	158,727	—
1863..........	186,478	—
1864..........	190,295	—
1865..........	209,469	—
1866..........	216,405	—
1867..........	185,308	—
1868..........	190,858	—
1869..........	218,139	—
1870..........	228,095	—
1871..........	232,401	—

La proportion des exportations varie de **38** pour **100** des quantités produites, dans les années où elle est le plus faible, à **55** pour **100** dans les années où elle est le plus élevée.

C'est à destination de l'Angleterre, du Brésil et de l'Allemagne que ces exportations se font pour la majeure partie. Le mouvement vers l'Angleterre va sans cesse en augmentant, comme on peut s'en convaincre par les chiffres suivants :

EXPORTATIONS EN ANGLETERRE.

1860..........	119,760	hectolitres.
1864..........	150,965	—
1867..........	134,155	—
1870..........	169,092	—

Les exportations ont diminué sensiblement en **1867** et en **1868**, par suite de la non-réussite de la récolte.

Le tableau suivant résume les quantités de vins de Porto exportées en **1867** et **1870** dans les différents pays :

	1867. — Hectolitres.	1870. — Hectolitres.
Angleterre............	134,155	169,092
Brésil..............	34,454	45.222
Allemagne............	4,985	3,370
Canada.............	1,980	»
Amérique centrale.......	358	1,693
États-Unis...........	740	1,216
Australie............	»	»
Danemark............	1,165	1,696
Russie..............	1,278	1,303

	1867.	1870.
	—	—
	Hectolitres.	Hectolitres.
Suède et Norvége.	811	860
Portugal et colonies.	2,665	373
Hollande.	985	344
France.	812	478
Nouvelle-Écosse.	178	»
Terre-Neuve.	235	2,146
Espagne.	6	»

A ce que nous avons déjà dit de l'importance du commerce des vins de Porto avec l'Angleterre, le Brésil et l'Allemagne, nous pouvons ajouter que ces vins paraissent de plus en plus goûtés aux États-Unis. Malgré les droits énormes à l'entrée sur les vins dans la grande république américaine, l'importation du vin de Porto dans ce pays s'est élevée, de 740 hectolitres en 1867, à 1,200 en 1870, soit une augmentation de plus de 50 pour 100.

La France compte au dixième rang en 1867, et au onzième en 1870. Notre pays produit trop de bons vins pour craindre que l'importation étrangère puisse venir faire une concurrence sérieuse aux producteurs indigènes sur nos marchés. A l'étranger, si nos vins sont inférieurs à ceux de Porto pour une certaine classe de consommateurs, ils ont peu à craindre de la masse générale des vins portugais, pourvu, toutefois, que des prétentions fiscales exorbitantes ne continuent pas à entraver l'essor du commerce d''exportation.

X. — Denrées coloniales.

Le sucre, le thé et le café sont les trois denrées coloniales qui entrent dans les subsistances de la population portugaise.

Sucre. — La moyenne de l'importation du sucre, pendant les trois années de 1866 à 1870, est évaluée à 15,368,680 kilog., d'une valeur de 11,297,000 fr.

Si l'on déduit l'exportation qui s'élève à 17,457 kilog. d'une valeur de 20,000 fr., on trouve que la consommation intérieure absorbe **15,351,223** kilog. de sucre, d'une valeur de **11,177,000** fr.

La consommation annuelle par tête est de **4** kilog. pour tout le royaume.

Café.— D'après les documents officiels, la moyenne des importations de Café pendant les cinq dernières années a été de **1,974,117** kilog. d'une valeur totale de **2,508,000** fr. — On en a réexporté **891,874** kilog. Il reste donc disponibles en moyenne par an, pour la consommation intérieure, **1,082,253** kilog.

Chaque habitant consomme, en moyenne, **280** gr. de Café par an.

Thé. — De **1866** à **1870**, la moyenne de l'importation a été de **215,449** kilog.; si l'on en retranche **784** kilog. réexportés, il reste pour la consommation du pays **214,665** kilog., soit **56** gr. en moyenne par habitant.

XI. — Le bétail.

Pendant longtemps il n'a pas existé de statistique officielle du bétail en Portugal. En **1870**, un recensement général a été opéré d'après les ordres de M. Antonio Cardoso Avelino, ministre des travaux publics, du commerce et de l'industrie.

Le tableau suivant résume le résultat général de ce recensement :

	NOMBRE DE BÊTES.
Espèce chevaline.	79,716
Espèce mulassière.	50,690
Espèce asine.	137,950
Espèce bovine.	520,474
Espèce ovine.	2,706,777
Espèce caprine.	936,869
Espèce porcine.	776,868

La superficie totale du Portugal étant de **8,962,000** hectares, et la superficie cultivée, de **2,500,000** hectares, soit un peu plus du quart de la superficie totale, la population spécifique de chaque espèce d'animaux domestiques peut être établie de la manière suivante :

	NOMBRE DE TÊTES.		
	Par 100 hectares de superficie.	Par 100 hectares cultivés.	Par 1,000 habitants.
Espèce chevaline. .	0.88	3.30	20.82
Espèce mulassière.	0.56	2.00	13.34
Espèce asine.	1.53	5.50	36.04
Espèce bovine. . . .	5.80	20.80	136.00
Espèce ovine.. . . .	30.20	108.30	707.28
Espèce caprine: . .	10.45	37.44	244.80
Espèce porcine. . .	8.66	31.07	202.99

D'après les statistiques officielles exécutées dans les différents pays, la population des animaux domestiques est la suivante pour toute l'Europe :

Espèce chevaline	32,490,000	têtes.
Espèce mulassière.	1,447,000	—
Espèce asine.	2,050,000	—
Espèce bovine.	94,065,000	—
Espèce ovine.	213,066,090	—
Espèce caprine..	17,000,000	—
Espèce porcine..	45,235,494	—

Le Portugal formant environ la centième partie du territoire de l'Europe, ce tableau, comparé avec les précédents, montre que, si ce pays ne possède, pour les espèces chevaline et bovine, qu'un contingent inférieur à celui qu'il devrait posséder, en revanche la population mulassière et asine, et surtout les espèces caprine et porcine, s'y trouvent en bien plus grand nombre que dans la plupart des autres pays.

La comparaison des résultats du recensement des animaux domestiques en Portugal, avec celui du recensement fait en 1872, en France, fait encore mieux ressortir ce fait. C'est pourquoi nous croyons intéressant de résumer, dans le tableau suivant, la comparaison de la population spécifique des animaux domestiques en France et en Portugal:

	NOMBRE DE TÊTES			
	PAR 100 HECTARES de superficie.		PAR 1,000 HABITANTS.	
	En France.	En Portugal.	En France.	En Portugal.
Espèce chevaline..	5.5	0.88	79	21
Espèce mulassière.	0.6	0.56	8	13
Espèce asine.. . .	0.9	1.53	13	36
Espèce bovine. . .	21.3	5.80	313	136
Espèce ovine. . .	46.7	30.20	684	707
Espèce caprine. .	3.4	10.45	49	245
Espèce porcine. .	10.1	8.66	149	203

Sans entrer ici dans le détail de la population des animaux domestiques par provinces et districts dans le Portugal, il suffira de dire que les hommes les plus compétents, et en tête M. de Moraès Soarès et M. Sylvestre Bernardo Lima, un des zootechniciens les plus distingués du Portugal, estiment que le recensement de 1870 est en déficit de 20 pour 100 sur le nombre des animaux domestiques et de 25 pour 100 sur l'estimation de leur valeur.

Pendant que, de 1796 à 1848, le Portugal n'avait fait aucune exportation de bétail, depuis cette date les exportations ont été sans cesse en augmentant jusqu'à atteindre annuellement, pendant les dernières années, près de 7 millions de francs. C'est vers l'Espagne que sont exportés principalement les animaux des espèces asine, caprine et porcine. Des convois assez nombreux de bœufs gras partent, chaque semaine, des ports du Portugal pour la Grande-Bretagne. C'est principalement par Lisbonne que ces sorties ont lieu ; Porto vient en seconde ligne. Le tableau suivant résume le mouvement des exportations de bœufs en Angleterre, de 1862 à 1870 :

	Nombre de têtes.	Valeur.
1862.	8,951	3,244,000 fr.
1863.	6,510	2,401,000 —
1864.	6,920	2,605,000 —
1865.	6.650	2,517,000 —
1866.	6.225	2,352,000 —
1867.	7.211	2,787,000 —
1868.	10.708	3,863.000 —
1869.	17.788	5,261.000 —
1870.	25,248	9.693,000 —

Pendant la même période, le prix moyen de chaque tête de bétail s'est aussi sensiblement accru ; il varie actuellement de 450 à 500 fr. ; il atteint même 550 fr. pour les animaux de choix.

Consommation de la viande. — Il est assez difficile de déterminer d'une manière exacte les quantités de viande provenant des divers animaux domestiques et qui entrent dans la consommation. Cependant, en partant des faits que révèle le recensement général du bétail, la statistique a essayé d'évaluer les différentes sources de production de la viande.

Les principales sont les suivantes :

Vaches et génisses qui peuvent vêler dans l'année. .	174,562	têtes.
Porcs ou truies qui peuvent être abattus dans le cours de l'année.	463,713	—
Bêtes à laine préparées dans le même but.	902,259	—
Bêtes de la race caprine préparées dans le même but.	312,289	—

Si l'on admet que les 174,562 bêtes bovines femelles produisent annuellement 93,293 veaux, on peut en conclure qu'à la fin de la rotation établie d'après les usages du pays pour les divers services du bétail, il existera une égale quantité de bêtes propres à être conduites à l'abattoir. Si chacune de ces bêtes produit, en moyenne, 180 kilogrammes, on peut admettre, comme disponibles pour la consommation annuelle, 16,791,740 kilogrammes de viande nette.

Pour les autres espèces, le calcul a été fait de la manière suivante :

1° Pour l'espèce porcine, 463,713 têtes produisent, à raison de 80 kilogrammes par tête, 37,097,440 kilogrammes de viande nette ;

2° Pour les bêtes à laine, 902,259 têtes produisent, à 10 kilogrammes par tête, 9,022,590 kilogrammes de viande nette ;

3° Pour l'espèce caprine, 312,289 têtes produisent, à 14 kilogrammes par tête, 4,372,046 kilog. de viande nette.

En totalisant ces chiffres, on arrive à trouver que la production animale est, en Portugal, de **67,284,816** kilogrammes de viande annuellement disponibles pour la consommation; mais il faut y ajouter les quantités importées et en retrancher les exportations.

Le tableau suivant résume la production indigène et les importations pour chaque espèce domestique, soit sous forme d'animaux vivants, soit sous forme de viande abattue :

PRODUCTION DE VIANDE NETTE EN KILOG.

	Têtes.			
	Espèce bovine.			
Production indigène.	93,293	à 180 kilog.	16,792,740	22,824,360 kilog.
Importation.	33,509	à 180 kilog.	6,031,620	
	Espèce porcine.			
Production indigène.	463,713	à 80 kilog..	37,097,440	38,465,360 —
Importation.	17,099	à 80 —	1,367,920	
	Espèce ovine.			
Production indigène.	902,259	à 10 kilog.	9,022,590	9,046,500 —
Importation.	2,391	à 10 —	23,910	
	Espèce caprine.			
Production indigène.	312,289	à 14 kilog.	4,372,046	4,380,320 —
Importation.	591	à 14 —	8,274	
Viandes importées : fraîches, sèches, fumées et salées.				34,264 —
Total.				74,750,804 kil.

Le tableau suivant résume le mouvement des exportations en animaux vivants et en viandes :

Bêtes bovines.	16,616	à 270 kilog.	4,486,320 kilog.
Bêtes porcines.	16,568	à 80 —	1,325,440 —
Bêtes ovines.	64,723	à 10 —	647,230 —
Bêtes caprines.	21,041	à 14 —	294,574 —
Viandes exportées : fraîches, sèches, fumées et salées.			755,447 —
Total des exportations en viande nette. . . .			7,509,011 —

La différence doit donner le chiffre de la quantité réellement disponible pour la consommation :

Production indigène et importation.	74,750,804	kilog. de viande nette.
Exportations.	7,509,011	—
Quantité disponible pour la consommation.	67,241,793	—

En divisant ce chiffre par la population totale du royaume (3,827,392 habitants), on trouve 17 kilog. 560 pour la consommation de chaque habitant en viandes de toutes sortes.

Ce chiffre a été calculé dans les documents officiels, en se basant uniquement sur la production de la viande nette; mais il faut y ajouter la viande provenant des abats des animaux tués, ou le cinquième quartier. A raison de 11 pour 100 pour les bêtes bovines et de 10 pour 100 pour les bêtes ovines et caprines, c'est une augmentation de plus de 3,853,355 kilogrammes, soit plus de 1 kilogramme par habitant.

On peut donc porter à 18 kilog. 560 la consommation annuelle de chaque habitant en viandes de toutes sortes.

Par rapport aux diverses races d'animaux domestiques, ce total se décompose comme il suit :

	Kilog.
Espèce bovine.	5.35
— porcine.	9.63
— ovine.	2.41
— caprine.	1.17
Total.	18.56

A ces quantités il faut encore joindre la viande produite par les animaux de basse-cour et le gibier. Les bases d'appréciation sur ces dernières ressources nous manquent; mais on peut dire que le Portugal possède de grandes quantités d'oiseaux de basse-cour, et que le gibier y abonde. C'est un commerce qui a une grande importance dans la plupart des villes.

Il est donc permis d'admettre qu'il n'y a pas d'exagération à porter à 20 kilogrammes de viande la moyenne annuelle de la consommation de chaque habitant.

Les statistiques de la municipalité de Lisbonne accusent, pour la consommation moyenne des habitants pendant les trois dernières années, 43 kilogrammes 430 de viandes de toutes sortes. Ce chiffre est très-inférieur à celui de la consommation de toutes les grandes villes de l'Europe. C'est un fait qui s'explique de deux manières : 1° par l'élévation du prix des viandes due, en grande partie, à un excessif impôt de consommation, qui atteint 50 reis (2 fr. 80) par kilogramme de viande nette de bœuf; 2° par la grande abondance du poisson, qui remplace souvent la viande, particulièrement dans les classes peu fortunées.

La ville de Porto a consommé, par habitant, pendant l'année 1872 :

	Kilog.
Viande de bœuf. . . .	31.310
— de porc. . . .	7.610
— de mouton. .	0.420
Total. . . .	39.340

Mais ce chiffre ne peut pas donner une idée exacte de la consommation de cette ville ; il ne renferme, en effet, ni les volailles, ni le gibier, ni les viandes salées et fumées, qui sont en grand honneur à Porto.

Nous croyons, comme les documents que nous continuons à compulser, que ces deux exemples suffisent pour démontrer que la consommation moyenne des deux principales villes du Portugal étant de 40 kilogrammes par habitant, il n'y a pas d'exagération à estimer à la moitié de ce chiffre, soit 20 kilogrammes par tête, la consommation moyenne annuelle pour tout le royaume.

XII. — La silviculture en Portugal.

Quoique les produits des forêts n'entrent pas dans la catégorie des produits agricoles destinés à la consommation, leur importance en Portugal est assez grande pour attirer l'attention de ceux qui cherchent à se rendre compte des richesses de ce pays. Les forêts y occupent, en effet, environ 6 pour 100 de la superficie totale du territoire. A défaut des documents de la statistique officielle, nous trouvons dans un travail publié, il y a quinze ans, par l'éminent agronome qui a rédigé cette statistique, M. R. de Moraès Soarès, des renseignements précieux sur la silviculture du pays. Ces renseignements ont paru dans le journal *O Archivo rural*, l'un des principaux organes des intérêts agricoles du Portugal.

De grands déboisements ont été opérés depuis 30 ans dans la péninsule portugaise. Ces déboisements ont porté principalement sur les grandes forêts de Chênes-liége, qui forment la principale richesse de la silviculture du Portugal. Les propriétaires ont vendu d'immenses parties de bois pour en convertir la valeur en fonds publics, ou pour la placer dans des entreprises financières. Le Chêne-liége est pourtant un des arbres qui, dans les régions montagneuses et ensoleillées, produit les plus beaux bénéfices, et, en outre, sa culture est une de celles qui sont le plus rémunératrices dans les contrées méridionales.

« Plusieurs pays, dit M. de Moraès Soarès, cultivent à moins de frais que nous les céréales, les Pommes de terre, les légumes, etc. ; mais les produits divers que nous tirons du Chêne-liége, nous pouvons les livrer avec avantage à des prix plus réduits que partout ailleurs. » Les produits de cet arbre sont de deux sortes, indépendamment de la valeur du bois lui-même : les glands et l'écorce.

Si l'on suppose une forêt de 5 hectares, contenant 1,000 pieds de Chêne-liége, soit 200 par hectare, notre auteur estime, ainsi qu'il suit, les produits annuels :

La récolte des Glands est, année moyenne, de 69 litres par arbre, soit 690 hectolitres pour toute la forêt. Or, comme il faut 6 hectolitres 90 pour engraisser un porc, on peut en engraisser 100 avec le produit de cette récolte. Chaque porc pouvant donner un bénéfice de **28** fr., il en résulte que la cueillette des Glands donnera un produit annuel de **2,812** fr.

Quant à l'écorce, chaque arbre produit, tous les **5** ans, **50** kilogrammes ; la forêt tout entière en produira donc **50,000** kilogrammes. Ces écorces, vendues à raison de **6** fr. **25** par *anoba* de **14** kilog. **160**, donnent un produit total de **22,068** fr. pour **5** ans, soit **4,413** fr. par an.

Le produit annuel de la forêt peut donc être estimé de la manière suivante :

Récolte des Glands....	2,812 fr.
— du liége......	4,413 —
Total.......	7,225 fr.

En admettant que les frais de toute nature (entretien de la forêt et des chemins, impôts, etc.) absorbent la moitié du produit brut, le produit net sera de **3,612** fr. **50**, soit **722** francs par hectare. C'est un produit très-supérieur à celui de la culture des céréales, qui ne donne pas plus de **310** à **320** francs par hectare. Encore, est-il probable que l'augmentation générale des prix de la viande et du liége aura fait monter davantage ce revenu depuis le moment où M. de Moraès Soarès s'est livré aux calculs que nous venons d'analyser.

A ceux qui objectent que ce produit ne peut être obtenu qu'après **40** ou **50** ans, l'éminent agronome répond que, **15** ou **20** ans après sa plantation, un massif de Chênes-liége produit déjà de quoi couvrir largement les frais de peuplement et les intérêts du capital engagé. Aux plus pressés, il conseille de suivre l'exemple des Catalans, qui, dans leurs plantations de Chêne-liége, placent à côté d'un Gland un cep de Vigne. De cette manière, ils retirent presque immédiatement un revenu annuel du sol ainsi planté, et ils peuvent attendre avec patience que les Chênes-liége aient atteint le développement nécessaire pour fournir des produits. C'est un conseil qui ne serait peut-être pas à dédaigner pour les plantations de cette essence dans le midi de la France et en Algérie.

XIII. — Sériculture.

Il serait injuste d'omettre, dans la nomenclature des principaux produits agricoles du Portugal, le ver à soie et le Mûrier.

Les principales magnaneries se rencontrent sur les côtes du Douro et dans la province de Tras-os-Montes, où la sériculture, abandonnée à la routine, ne prend que peu de développement. Les maladies qui ont attaqué les vers à soie en France et en Italie ont, jusqu'ici, respecté le Portugal. Ce résultat est attribué à l'emploi, pour la nourriture des vers, de feuilles de Mûriers vieux et non greffés; on affirme qu'il a été observé partout où les vers sont nourris de cette manière.

Pendant les quatre dernières années, les importations de soies en cocons du Portugal en France ont beaucoup varié; on peut en juger par les chiffres suivants :

1871.	50,338	kilogrammes.
1872.	20,351	—
1873.	8,082	—
1874.	8,900	—

En **1868**, la *récolte des cocons* a atteint **2** millions de kilogrammes d'une valeur totale de **8,400,000** fr., dont la plus grande partie a été vendue pour l'exportation.

CONCLUSIONS.

Le progrès constant des forces productives du Portugal, depuis vingt ans, est un fait incontestable. Les conditions et les résultats de ce progrès et de cette amélioration sont démontrés aussi bien par les faits matériels que par les manifestations de son activité économique.

A partir de 1852, on a construit 3,610 kilomètres de chemins ordinaires et 795 kilomètres de chemins de fer. La navigation à vapeur s'est élevée de 362 entrées par an, à 1,612 dans les ports portugais.

Le montant des importations s'est accru, de 1842 à 1870, de 54,880,000 fr. à 130,480,000 fr.; les exportations, de 34,160,000 fr. à 113,120,000 fr. Pendant le même temps, les recettes et les dépenses de l'Etat ont doublé.

La production agricole, et particulièrement celle du bétail, ont été pour beaucoup dans cet essor du commerce international du Portugal; il faut aussi signaler l'accroissement de richesses produit par l'exportation des vins qui, comme il a été dit plus haut, va sans cesse en augmentant.

C'est par l'océan Atlantique que se fait la plus grande partie du commerce du Portugal. L'absence de routes bien entretenues et de chemins de fer, à travers la région montagneuse qui sépare ce pays de l'Espagne, suffit d'ailleurs pour expliquer ce fait. D'ailleurs, une grande partie des marchandises échangées avec l'Espagne entrent et sortent par contrebande; celle-ci est exercée sur une vaste échelle.

Les principaux débouchés actuels du Portugal sont l'Angleterre et le Brésil; la France vient en troisième ligne.

La Grande-Bretagne figure dans les échanges du Portugal pour plus de la moitié du chiffre total. Les envois de l'Angleterre consistent principalement en cotons, en métaux et en poissons; quant aux exportations du Portugal vers la Grande-Bretagne, elles se composent principalement de vins, de produits coloniaux, de laines, etc., les vins formant environ la moitié du chiffre total.

Depuis quelques années, notre commerce avec le Portugal a décru. Voici les chiffres qui s'appliquent aux huit années de 1864 à 1871, et qui se rapportent au commerce spécial :

	IMPORTATIONS.	EXPORTATIONS.	TOTAL.
	—	—	—
1864.	5,700,000 fr.	23,600,000 fr.	29,300,000 fr.
1865.	6,900,000 —	26,100,000 —	33,000,000 —
1866.	7,000,000 —	21,700,000 —	28,700,000 —
1867.	5,300,000 —	21,200,000 —	26,500,000 —
1868.	6,500,000 —	16,500,000 —	23,000,000 —
1869.	8,393,000 —	14,000,000 —	22,400,000 —
1870.	8,000,000 —	11,200,000 —	19,200,000 —
1871.	11,900,000 —	11,100,000 —	23,000,000 —

C'est sur l'exportation de France vers le Portugal que la décroissance s'est fait sentir d'une manière plus sensible. Elle est plus considérable encore sur le commerce général qui, après avoir atteint **38** millions de francs en **1864**, n'est pas supérieur à **27** millions en **1871**.

Le tableau suivant spécifie, par nature de marchandises, les valeurs des principales denrées importées du Portugal en France pendant les années **1868** et **1869** :

	1868.	1869.
	—	—
Soie et bourre.	1,327,000 fr.	721,000 fr.
Fruits de table.	1,282,000 —	1,213,000 —
Fruits oléagineux.	614,000 —	1,920,000 —
Liége brut.	287,000 —	375,000 —
Graines oléagineuses.	279,000 —	1,063,000 —
Légumes secs et leurs farines.	261,000 —	33,000 —
Café.	239,000 —	289,000 —
Coton et laine.	227,000 —	338,000 —
Peaux brutes.	218,000 —	68,000 —
Cacao.	213,000 —	108,000 —

On voit que les produits agricoles figurent pour les chiffres les plus importants de ce tableau.

Quant à nos exportations en Portugal, elles se composent principalement de produits industriels et des filatures ; les tissus et les papiers en forment le plus fort contingent.

Le commerce maritime entre la France et le Portugal a employé, en **1869**, **234** navires jaugeant ensemble **58,562** tonneaux. Notre marine marchande figure, dans ce chiffre, pour **166** navires et **33,499** tonneaux.

Les échanges par mer se sont élevés, en **1870**, à **49,000**, et, en **1871**, à **44,000** tonneaux de marchandises.

L'étude attentive de la statistique de la production du Portugal a démontré que ce pays produit actuellement, sauf pour les céréales, les denrées nécessaires à sa consommation et à une exportation assez considérable. Mais il pourrait produire bien davantage, si les travaux publics prenaient une extension plus considérable, si la vicinalité y était développée, si les cultivateurs abandonnant les anciennes routines demandaient aux progrès de la science moderne les instruments et les engrais nécessaires à augmenter la fécondité de leurs champs. De vastes systèmes de canaux pour les irrigations, toujours nécessaires dans les pays brûlés par le soleil, permettraient d'augmenter la production fourragère, et de développer encore davantage l'exportation du bétail, qui trouvera toujours en Angleterre un débouché certain. Ce débouché existera aussi pour les grains, non-seulement à raison de leur bonne qualité, mais aussi pour la différence des frets, la distance des ports portugais étant bien moindre que celle des marchés lointains où l'Angleterre s'approvisionne actuellement.

Les faits qui viennent d'être énumérés d'après des documents authentiques confirment, en tous points, la remarquable étude sur l'agriculture du Portugal, publiée naguère par M. Léonce de Lavergne et que nous avons déjà citée. Nous ne pouvons mieux terminer ce travail trop imparfait qu'en nous associant aux conclusions que l'illustre économiste émettait dans les termes suivants :

« Le Portugal aurait tort de s'exagérer son infériorité. « Son territoire pourrait sans doute nourrir et mieux nour« rir deux ou trois fois plus d'habitants : que de parties de « l'Europe en sont là ! Sa petitesse le met à l'abri des « grandes ambitions qui dissipent tant de capitaux. Les oc« casions de guerre et de révolution lui manquent. Il offre « peu de ressources au luxe. Il jouit, sans danger, d'une

« grande liberté. Toutes les réformes civiles et politiques « qu'exigent les sociétés modernes, il les a largement « accomplies. Il n'a plus qu'un problème à résoudre, l'équi- « libre du budget. Ce dernier pas fait, il n'a qu'à attendre. « Les éléments d'un grand développement intérieur sont « préparés. Toute agitation fiévreuse pour précipiter le « mouvement aurait probablement l'effet opposé. »

Ajoutons, au point de vue purement agricole, que des efforts sérieux ont été faits pour développer l'instruction dans toutes les classes de la société, et principalement dans les classes rurales. Il reste encore beaucoup à réaliser à cet égard. C'est par l'enseignement agricole que les progrès se propagent et se vulgarisent ; un pays qui veut marcher en avant doit s'imposer, en ce sens, de grands sacrifices. L'exemple de l'Europe centrale le démontre surabondamment. Dans les climats méridionaux, où l'homme doit lutter davantage contre les éléments, le développement général des connaissances est le premier élément du succès. Mais on peut déjà espérer une grande transformation dans les destinées agricoles du Portugal. Il y a encore peu d'années, il était impossible, dans une réunion de propriétaires et d'agriculteurs, d'exposer les avantages du progrès en agriculture, sans provoquer le sourire des uns et l'indignation des autres. L'abandon de ces errements est aujourd'hui à peu près complet. Actuellement tout le monde reconnaît qu'il faut améliorer les conditions de l'agriculture. L'esprit national s'est formé; le temps, aidé par des institutions progressives, est appelé à faire le reste.

TABLE DES MATIÈRES.

FIN DE LA TABLE DES MATIÈRES.

PARIS. — Imprimerie de Mme Ve Bouchard-Huzard, rue de l'Éperon, 5.

www.ingramcontent.com/pod-product-compliance
Ingram Content Group UK Ltd.
Pitfield, Milton Keynes, MK11 3LW, UK
UKHW020410180726
13839UKWH00003B/1297